TRAVERSÉE DES PYRÉNÉES

MM. E. GOUIN ET CIE

MARCHÉ

DEVIS AYANT SERVI DE BASE AU MARCHÉ

COMPOSITION DU MONTANT DU MARCHÉ

A L'AIDE DES ÉLÉMENTS DU DEVIS.

PARIS

IMPRIMERIE CENTRALE DES CHEMINS DE FER

DE NAPOLÉON CHAIX ET Ce,

Rue Bergère, 20, près du boulevard Montmartre.

1864

TRAVERSÉE DES PYRÉNÉES

MM. E. GOUIN et Cᴵᴱ

MARCHÉ

DEVIS AYANT SERVI DE BASE AU MARCHÉ

COMPOSITION DU MONTANT DU MARCHÉ

A L'AIDE DES ÉLÉMENTS DU DEVIS.

PARIS

IMPRIMERIE CENTRALE DES CHEMINS DE FER

DE NAPOLÉON CHAIX ET Cⁱᵉ,

Rue Bergère, 20, près du boulevard Montmartre.

1864

MARCHÉ

DU 6 SEPTEMBRE 1862.

CHEMIN DE FER

DE

MADRID A IRUN

**Entreprise générale de terrassements et ouvrages d'art
à exécuter entre Olazagoitia et Béasain, sur une longueur
d'environ quarante-six kilomètres.**

CONVENTION

Entre la Compagnie anonyme des chemins de fer du Nord
de l'Espagne, dont le siége est à Madrid, représentée à Paris,
par MM. I. Pereire et C. Salvador, agissant au nom de cette
Compagnie, laquelle fait élection de domicile à Paris, place
Vendôme, n° 15,

D'une part ;

Et MM. Ernest Gouin et Cie, demeurant à Paris, avenue de
Clichy, n° 110, et y faisant élection de domicile,

D'autre part ;

Il a été fait et convenu ce qui suit :

ARTICLE PREMIER.

MM. Ernest Gouin et Cie, après avoir pris connaissance des projets dressés par les Ingénieurs de la Compagnie des chemins de fer du Nord de l'Espagne pour la section d'Olazagoitia à Béasain, sur une longueur de 46 kilomètres environ, prennent l'engagement d'exécuter à forfait, à leurs risques et périls, et conformément aux plans, profils en long et profils en travers ci-annexés, tous les travaux quelconques, travaux d'art, terrassements, déblais, remblais, assainissements, consolidations, prévus et imprévus, restant à faire, de quelque nature et de quelque importance qu'ils soient, à l'exception de la partie centrale du souterain d'Oazurza faisant l'objet d'une entreprise adjugée aux sieurs Pradines frères, et les avoir entièrement terminés et mis en état de réception par l'Ingénieur du Contrôle du Gouvernement Espagnol, au premier juillet mil huit cent soixante-quatre, moyennant la somme de *cent deux millions neuf cent dix mille réaux vellon*, au change de dix-neuf réaux pour cinq francs.

Sont exceptés du présent forfait les bâtiments et les terrassements des stations, le ballastage et la pose de la voie, ainsi que la construction des passages qui ne sont pas indiqués sur le profils ci-annexés.

Art. 2.

MM. **Gouin** et Cie sont substitués, à partir de ce jour, aux droits et obligations résultant pour la Compagnie, des marchés passés entre elle et divers entrepreneurs et tâcherons, pour l'entreprise des travaux en voie d'exécution entre Olazagoitia et Béasain, dont une copie est annexée au présent traité, à l'exception de l'entreprise Pradines frères.

La Compagnie s'engage à se conformer, dans ses rapports avec lesdits entrepreneurs et tâcherons, aux dispositions proposées par MM. Gouin et Cie, en tant qu'elles ne s'écarteront pas de la loyale exécution desdites conventions.

En conséquence de cette substitution, MM. Gouin et Cie garantissent l'exécution des travaux faisant l'objet desdites conventions, dans les délais stipulés à l'article précédent, quels que soient d'ailleurs les délais d'exécution fixés aux marchés particuliers passés entre la Compagnie et les entrepreneurs dont il vient d'être parlé, MM. Gouin et Cie se portant garants que, par lesdits entrepreneurs ou, à défaut, par eux-mêmes, toutes les dispositions énoncées aux marchés dont s'agit, sous la seule modification stipulée ci-dessus, quant au délai d'exécution, seront strictement exécutées, telles qu'elles ont été arrêtées entre la Compagnie et ces entrepreneurs.

MM. E. Gouin et Cie ne pourront pas s'appuyer, pour l'extension du délai stipulé, sur les retards dans les travaux pouvant provenir des actes de mise en demeure, éviction, reprise des chantiers, établissements de situation, ou toutes autres circonstances résultant des dispositions que la Compagnie aura prises sur leur demande; les parties entendant expressément que tous les travaux faisant l'objet du présent traité seront entièrement exécutés dans le délai indiqué à l'article précédent.

Art. 3.

La Compagnie remettra à l'entrepreneur, le plus tôt possible, et à titre de renseignement, une copie de tous les plans quelconques dressés pour l'exécution, ainsi que les calculs de terrassements et métrés divers ayant servi au devis.

Art. 4.

L'entrepreneur ne pourra apporter des modifications au tracé de la ligne, ainsi qu'aux divers projets, que d'accord avec la Compagnie, sous la réserve de l'approbation du Gouvernement Espagnol.

L'entrepreneur ne pourra modifier l'inclinaison des talus, des déblais et remblais indiqués sur les profils en travers, en augmentant ou diminuant leur inclinaison suivant la nature du

terrain, que d'accord avec les Ingénieurs de la Compagnie et
sous la réserve de l'approbation du Gouvernement Espagnol.

Art. 5.

L'entrepreneur pourra, à son choix, employer la brique ou la
pierre pour le revêtement des tunnels et l'exécution des ouvrages
en maçonnerie.

Les dimensions seront en rapport avec la nature du terrain
et l'importance des charges à supporter : le tout sous la réserve
de l'approbation du Gouvernement Espagnol.

Art. 6.

L'entrepreneur pourra, à son choix, exécuter les viaducs en
pierres, en brique ou en métal, ou en combinant l'emploi de ces
trois modes d'exécution, sauf accord préalable avec les Ingénieurs
de la Compagnie et sous la réserve de l'approbation des projets
par le Gouvernement Espagnol.

Art. 7.

Tous les travaux seront exécutés conformément aux règles de
l'art; les matériaux seront de bonne qualité; la pierre et la
brique ne seront pas gélives; le mortier sera hydraulique.

Art. 8.

L'acquisition des terrains, dans l'emplacement du chemin de fer, ainsi que ceux nécessaires aux emprunts et dépôts, sont à la charge de la Compagnie, qui s'engage à les livrer à l'entrepreneur dans un délai de quatre mois à partir de la demande qui en sera faite par celui-ci.

Art. 9.

La Compagnie mettra à la disposition de l'entrepreneur, sans rétribution aucune, tous les terrains et établissements qui lui appartiennent, à l'exception des habitations de ses employés, les chemins de service, ainsi que toutes les machines, rails, outils, engins, véhicules et appareils quelconques qu'elle possède, et actuellement employés entre Olazagoïtia et Beasain, ou qui deviendront libres par suite de l'achèvement des autres sections de la ligne, et enfin les machines rendues et montées à pied d'œuvre, pour l'extraction des déblais des tunnels, pour les puits dont l'exécution est décidée depuis peu, en tant que ce matériel ne serait pas employé aux travaux des entrepreneurs actuellement en fonction ou nécessaire aux besoins de l'exploitation. L'entrepreneur devra les entretenir à ses frais et les remettre à la Compagnie à la fin des travaux, en état courant de travail.

La Compagnie mettra également à la disposition de l'entrepreneur, aux dépôts de Beasain et d'Olazagoïtia, à mesure de ses besoins, les rails, éclisses, boulons, crampons et changements de voie de la voie définitive, à la condition de les employer avec le plus de soin possible, et de remplacer à ses frais les rails et accessoires qui seraient détériorés à la fin des travaux. L'entrepreneur sera autorisé à déposer son matériel de toute nature dans les terrains dont la Compagnie pourra disposer à Saint-Sébastien.

Art. 10.

L'entrepreneur sera autorisé à prendre le sable nécessaire aux maçonneries dans les ballastières de la Compagnie, à la condition de payer une part proportionnelle dans les frais d'établissement.

Art. 11.

La Compagnie s'engage à poursuivre sur la demande et aux frais de l'entrepreneur l'expropriation de tous les terrains nécessaires aux travaux dans le plus bref délai possible.

Art. 12.

La Compagnie transporte à l'entrepreneur les droits qu'elle

tient de son cahier des charges pour l'introduction en Espagne, en franchise de droits, des machines locomotives et locomobiles et de tous les outils et matériel nécessaires à l'exécution des travaux dans la limite des autorisations accordées par le Gouvernement Espagnol.

La Compagnie transporte également à MM. Gouin et Cⁱᵉ les droits qu'elle tient du Gouvernement pour l'exemption des taxes des barrières sur les routes.

Art. 13.

La Compagnie fera sur toute la longueur de son réseau en exploitation, les transports de matériaux et d'engins que l'entrepreneur jugera nécessaires à l'exécution de ses travaux, moyennant un tarif maximum de vingt centièmes de réal par tonne et par kilomètre.

Elle transportera les ouvriers de l'entrepreneur à moitié du tarif légal.

Art. 14.

Seront déduites du montant total du présent traité les sommes payées par la Compagnie aux entrepreneurs et tâcherons des travaux engagés entre Olazagoïtia et Béasain, à partir de l'état de situation dressé le 25 juin de la présente année, et celles qui seront payées ultérieurement par ladite Compagnie pour quelque cause que ce soit, en vertu des marchés existant au jour de la présente convention.

Il sera en outre déduit du montant du forfait vingt-cinq pour cent des sommes payées aux entrepreneurs du 25 juin au 31 août, comme s'appliquant à une période antérieure aux nouvelles conventions.

Art. 15.

Tous les travaux sans exception devront être terminés et mis en état de réception par l'Ingénieur du Contrôle du Gouvernement Espagnol au premier juillet mil huit cent soixante-quatre, ainsi qu'il est dit à l'article premier.

Art. 16.

L'entrepreneur reste garant de la solidité et de la bonne exécution des travaux de toute nature, y compris les assainissements, faisant l'objet du présent traité, pendant un an à partir de la date de la réception par l'Ingénieur du Contrôle. Pendant le délai de garantie, l'entrepreneur devra réparer à ses frais toutes les dégradations, éboulements, glissements ou autres avaries, l'entretien courant étant à la charge de la Compagnie.

Art. 17.

L'état d'avancement des travaux et l'importance des approvisionnements à pied d'œuvre seront constatés à la fin de chaque mois, au moyen d'un bordereau de prix conventionnels, à établir pour ordre, d'un commun accord entre la Compagnie et l'entrepreneur, et leur montant sera avancé à l'entrepreneur, sauf compte définitif à faire ultérieurement sur la base du forfait, et sauf retenue d'un dixième, avant la fin du mois suivant.

Cette retenue ne pourra dépasser la somme de (4,000,000) quatre millions de réaux.

Toutefois la Compagnie délivrera le cinq de chaque mois, à titre d'avance à régulariser dans le décompte suivant, la moitié du montant du décompte mensuel antérieur établi comme il est dit ci-dessus.

Art. 18.

Dans le mois qui suivra l'achèvement et la réception des travaux, la Compagnie payera à l'entrepreneur le complément du montant du forfait, sauf une somme de deux milllions de réaux qui sera payée à l'expiration du délai de garantie.

Art. 19.

Dans le cas où MM. Gouin et Cⁱᵉ auraient achevé les travaux

avant le terme stipulé par l'article 1er, de telle sorte que le chemin de fer puisse être livré à l'Exploitation, il lui sera payé une prime de huit mille francs par jour d'avance sur ledit terme.

Si, au contraire, MM. Gouin et Cie n'ont pas achevé les travaux dans le délai auquel ils sont engagés par les présentes, il sera retenu, sur les payements à leur faire, une pénalité de cinq mille francs par jour de retard pour le premier mois, de six pour le second, et de sept pour les suivants, laquelle sera acquise de plein droit à la Compagnie, sans mise en demeure ni aucun acte judiciaire, ni extra-judiciaire, par la seule échéance du terme.

Art. 20.

Tous les payements seront faits à Paris.

Fait en double original, à Paris, le six septembre mil huit cent soixante-deux.

Approuvé l'écriture ci-dessus :

ERNEST GOUIN ET Cie.

Approuvé l'écriture ci-dessus :

I. PEREIRE.

Approuvé l'écriture :

C. SALVADOR.

DEVIS ESTIMATIF.

PREMIÈRE SECTION. — ALSASUA A OTZAURTE.

Du piquet 0 à 66.

A) TRAVAUX NON ADJUGÉS.

		QUANTITÉS.	PRIX de l'unité prévue.	VALEUR prévue.	PRIX GOUIN.	VALEUR GOUIN.
Fouille, charge, régalage de déblais de toute nature......	m³	165.463 »	2 50	413.657 «	4 »	661.852 »
Extraction, charge, régalage de roches à la poudre.......	»	89.555 »	10 »	895.550 »	13 »	1.164.215 »
TRANSPORTS.						
A moins de 30 mètres........................	»	6.100 »	0 57	3.477 »	0 80	4.880 »
A la brouette, 75 mètres........................	»	8.000 »	1.275 »	10.200 »	1.925 »	15.400 »
Au tombereau, 220 mètres........................	»	160.000 »	2 20	352.000 »	2 72	435.200 »
Au wagon, 1,100........................	»	80.918 »	2 72	220.096 »	5 98	483.889 »
TRAVAUX D'ART.						
Travaux d'art courants et fouill.e......	m³	9.398 »	131 »	1.231.138 »	175 »	1.644.650 »
SOUTERRAIN.						
Déblais, en supposant 0ᵐ,60 de voûte, boisage compris....		55 91	56 45	3.055 57	75 »	4.193 20
Maçonnerie de voûte, sur 0ᵐ,40 d'épaisseur....		5 27	140 »	737 80	300 »	1.581 »
Surépaisseur, piédroits et aqueducs............		5 38	90 »	484 20	204 »	1.097 52
Cintrement, décintrement........................		1 »	210 »	210 »	269 »	269 »
				4.487 57		7.141 82
La largeur du tunnel au piquet 50................	mˡ	85 »	4.487 57	381.443 45	7.141 82	607.054 70
				3.507.561 95		5.017.141 34

DEUXIÈME SECTION D'OTZAURTE A OASURSA

A) TRAVAUX NON ADJUGÉS

Viaduc au piquet 114 .... m² 2.256   600   1.353.600 »   1.353.600 »

ENTREPRISE DESTREM (pour mémoire).

B) TRAVAUX ADJUGÉS

a) **Entreprise Trône** (du piquet 66 à 108).		QUANTITÉS	PRIX de l'unité prévue.	VALEUR prévue.	PRIX GOUIN.	VALEUR GOUIN.
Fouille, charge, régalage des déblais de toute nature......	m³	39.137 »	3 50	136.979 50	4 »	136.548 »
Extraction, charge, régalage de déblais de roches,........	m³	15.345 »	11 »	168.795 »	13 »	199.485 »
Extraction de calcaire cristallin......	»	9.000 »	15 »	135.000 »	18 »	162.000 »
TRANSPORTS.						
A la brouette, à 75 mètres......	»	2.000 »	0 84	1.680 »	1.925 »	3.850 »
Au tombereau, à 220 mètres......	»	17.352 »	2 33	40.430 »	2 72	47.197 »
Au wagon, à 1,100 mètres, y compris voies......	»	44.130 »	4 85	214.030 50	5 98	263.898 »
TRAVAUX D'ART.						
Travaux d'art courants......	m³	763 »	131 »	99.953 »	200 »	152.600 »
SOUTERRAINS. (PRIX TRONE.)						
Prix dé déblais (0m,60 d'épaisseur). 55 91 65 94 3.675 52	»	»	»	»	»	»
Le m³ de voûte sur 0m,60..... 7 14 196.» 1.399 44	»	»	»	»	»	»
Cintrement et décintrement..... 1 » 220.» 220 »	»	»	»	»	»	»
Piédroits...... 3 63 108.» 392 04	»	»	»	»	»	»
Aqueduc central...... 1 » 140.» 140 »	»	»	»	»	»	»
Prix prévu....... 5.827 »	»	»	»	»	»	»
PRIX GOUIN, même que CROZE ET DURIF........ 7.373 91	»	»	»	»	»	»
La longueur du tunnel est de......	m. l.	1.258 50	5.827 »	7.333.279 50	7.373 90	9.280.065 »
				8.130.147 50		10.265.612 »

La somme de **8.130.147**^{r}, **50** comprend les travaux faits et à faire.

Les travaux faits au **25** juin montent à **711.448**^{r}, **88**.

b) **Entreprise Croze et Durif**

(du piquet 108 à 133).

		QUANTITÉS.	PRIX de l'unité prévue.	VALEUR prévue.	PRIX GOUIN.	VALEUR GOUIN.
Déblais de terre de toute nature	m³	38.000 »	3 50	133.000 »	4 »	152.000 »
Déblais de rochers à la poudre	»	60.000 »	11 »	660.000 »	13 »	780.000 »
TRANSPORTS.						
Transports à 150 mètres	»	98.000 »	2 05	200.900 »	2 30	225.400 »
OUVRAGES D'ART.						
Ouvrages d'art courants	»	3.077 »	130 »	400.010 »	200 »	615.400 »
SOUTERRAINS.						
Déblais		55 91	54 »	3.019 14	75 »	4.493 25
Voûte sur 0m,40		7 14	172 43	1.231 15	282 98 4m 63	1.310 20
Excédant		4 »	»	»	208 51 2m 51	523 66
Cintrement et décintrement		»	»	210 »	»	282 85
Piédroits		3 63	98 10	357 91	208 51	756 88
Rejointement de voûte		»	»	»	5 76 10m 96	63 10
Parement vu de moellon brut		»	»	»	10 » 7m 10	70 »
Rejointement id. id		»	»	»	10 32 7m 10	73 27
Aqueduc central		»	»	80 »	»	100 »
				4.898 20		7.373 91
Les tunnels ayant une longueur	ml	600 »	4.898 20	2.938.920 »	7.373 90	4.424.226 »
Têtes des tunnels	»	8 »	12.000 »	96.000 »	16.000 »	128.000 »
				4.428.830 »		6.325.026 »

c) **Entreprise Peltier**

(du piquet 133 à 149).

		QUANTITÉS.	PRIX de l'unité prévue.	VALEUR prévue.	PRIX GOUIN.	VALEUR GOUIN.
Déblais de terre de toute nature	m³	18.000 »	3 50	63.000 »	4 »	72.000 »
Déblais de rocher dur		16.000 »	11 »	176.000 »	13 »	208.000 »
TRANSPORTS.						
A la brouette, 70 mètres	»	28.000 »	1 33	37.240 »	1.80	50.400 »
Au tombereau, 190 mètres	»	6.000 »	2 29	13.740 »	2 54	15.240 »
OUVRAGES D'ART.						
Ouvrages d'art courants	m³	1.116 »	130 »	145.080 »	200 »	223.200 »
SOUTERRAINS.						
Même prix que CROZE ET DURIF	m. l.	1.058 »	4.898 20	5.182.295 60	7.373 90	7.801.385 18
Têtes des tunnels		6 »	12.000 »	72.000 »	16.000 »	96.000 »
				5.689.355 60		8.466.225 18

La somme de 4.428.830ᶠ comprend les travaux faits et à faire.
Les travaux faits au 25 juin montent à 1.105.810ᶠ, 55.

La somme de 5.689.355ᶠ, 60 comprend les travaux faits et
à faire.
Les travaux faits au 25 juin montent à 607.894ᶠ, 97.

d) **Entreprise Destrem** (du piquet 149 à 163).		QUANTITÉS.	PRIX de l'unité prévue.	VALEUR prévue.		PRIX GOUIN.	VALEUR GOUIN.	
Déblais de toute nature...	m³	28.000 »	350 »	98.000	»	4 »	112.000	»
Id. à la poudre...		8.000 »	11 »	88.000	»	13 »	104.000	»
TRANSPORTS.								
A 55 mètres de distance moyenne...	»	23.000 »	1 05	24.150	»	1.425 »	32.975	»
Au tombereau, à 119 mètres...	»	11.000 »	1 86	20.460	»	2.12	23.320	
Ouvrages d'art courants...	»	1.960 »	130 »	254.800	»	200 »	392.000	»
Souterrain sur une longueur de...	m. l.	345 »	4.898 20	1.689.879	»	7.373 90	2.543.998 95	
Têtes de tunnels...	pièce.	4 »	12.000 »	48.000	»	16.000 »	64.000	»
				2.223.289 »			**3.272.293 95**	

e) **Entreprise Roberts et Robinson** (du piquet 163 au 179).		QUANTITÉS.	PRIX de l'unité prévue.	VALEUR prévue.		PRIX GOUIN.	VALEUR GOUIN.	
Déblais de toute nature...	m³	4.000 »	2 50	10.000	»			
Id. au pic et à la pince...		10.000 »	6 »	60.000	»	4 »	56.000	»
Id. à la poudre...	»	18.000 »	11 »	198.000	»	13 »	234.000	»
TRANSPORTS								
A une distance moyenne de 50 mètres...	»	32.000 »	» 95	30.400	»	1 30	44.600	»
Ouvrages d'art courants...	m³	1.385 »	130 »	180.000	»	200 »	277.000	»
Souterrain sur une longueur de...	m.l.	1.100 »	4.898 20	5.388.020	»	7.373 91	8.111.081	»
Quatre têtes de tunnels...	pièce.	4 »	12.000 »	48.000	»	16.000 »	64.000	»
				5.914.420 »			**8.783.681** »	

Les travaux ne sont pas encore commencés, le marché n'a pas été notifié à l'entrepreneur.

La somme de 5.914.420ᶠ comprend les travaux faits et à faire. Les travaux faits au 25 juin montent à 1.269.034ᶠ, 66

A) TRAVAUX NON ADJUGÉS

ENTREPRISE BERTHOUMIEUX (pour mémoire).

B) TRAVAUX ADJUGÉS

a) **Entreprise Gobert.**		QUANTITÉS.	PRIX de l'unité prévue.	VALEUR prévue.	PRIX GOUIN.	VALEUR GOUIN.
Percement et boisage des galeries	m. l.	515 »	1.400 »	721.000 »	»	»
MAÇONNERIE.						
Revêtement des piédroits sur 0^m,50 d'épaisseur entre la tête et le puits n° 1	m³	120 »	680 »	81.600 »	»	»
Revêtement sur 0^m,40 d'épaisseur entre les puits n°s 1 et 3.	»	400 »	1.460 »	584.000 »	»	»
Cintrement et décintrement		420 »	220 »	92.400 »	»	»
Aqueduc central	m. l.	550 »	80 »	44.000 »	»	»
Construction de la tête amont		»	»	30.000 »	»	»
Id. d'un radier	m³	200 »	150 »	30.000 »	»	»
Excédant de maçonnerie	»	130 76	130 »	17.000 »	»	»
				1.600.000 »		1.600.000 »

Travaux restant à faire en dehors des variantes, par les entrepreneurs, à la date du 25 mars.

Travaux adjugés à l'entrepreneur Pradines, aujourd'hui en
résiliation:
Les sommes portées au devis indiquent les travaux restant à
faire au 25 mars 1862.

Travaux adjugés à l'entrepreneur Pradines, aujourd'hui en
résiliation.
Les sommes portées au devis indiquent les travaux restant à
faire au 25 mars 1862.

TABLEAU Nº 1.

Récapitulation par Entreprise.

ENTREPRISES.	PRIX ACTUELS.	PRIX GOUIN.	AUGMENTATIONS	
			TOTALES.	POUR CENT
TRAVAUX ADJUGÉS.				
Trône	8.430.147 50	10.265.642 »	2.135.495 »	26 0/0
Croze et Durif	4.428.830 »	6.325.026 »	1.896.196 »	43 0/0
Peltier	5.689.355 60	8.466.225 18	2.776.870 »	47 0/0
Destrem.	2.223.289 »	3.272.293 95	1.049.004 »	47 0/0
Roberts et Robinson	5.914.420 »	8.783.681 »	2.869.269 »	48 0/0
Gobert	1.600.000 »	1.600.000 »		»
Pradines	9.286.900 »	10.762.516 »	1.475.616 »	16 0/0
Berthoumieux	4.516.496 »	6.170.264 »	1.653.768 »	36 0/0
Renson et Garnier	900.000 »	900.000 »	»	»
Zumarraga, à Béasain	10.568.847 »	16.014.626 »	5.445.779 »	51 0/0
	53.253.284 »	72.560.573 »	19.302.289 »	38 0/0
TRAVAUX NON ADJUGÉS.				
Alsasua à Otzaurte	3.507.561 »	5.017.141 »	1.509.580 »	43 0/0
Viaduc au piquet 114	1.353.600 »	1.353.600 »	»	»
Brincola à Villaréal	5.018.327 »	6.368.883 »	1.350.556 »	26 0/0
Zumarraga à Béasain	20.550.549 »	25.989.167 »	5.438.618 »	26 0/0
	30.430.037 »	38.728.791 »	8.298.754 »	27 0/0

TABLEAU N° 2.

Récapitulation par nature de travaux.

TRAVAUX ADJUGÉS.

NUMÉROS.	TRAVAUX.	TRONE.		CROZE ET DURIF, PELETIER, DESTREM, ROBERTS ET ROBINSON		GOBERT, PRADINES, BERTHOUMIEUX, RENSON ET GARNIER.		ZUMARRAGA A BÉASAIN.		TOTAUX GÉNÉRAUX.		AUGMENTATIONS.	
		PRIX DU MARCHÉ.	MONTANT GOUIN.	PRIX DES MARCHÉS.	MONTANT GOUIN.	MONTANT DES MARCHÉS.	MONTANT GOUIN.	MONTANT DES MARCHÉS.	DES PRIX GOUIN.	MONTANT DES MARCHÉS.	PRIX GOUIN.	TOTALES.	Pr 0/0.
1	Terrassements { Excavations........	440.774	518.033	1.486.000	1.718.000	»	»	1.816.030	2.240.694	3.742.804	4.476.727	733.922	19 0/0
	Terrassements { Transports........	256.140	314.944	326.890	388.935	»	»	849.301	1.142.970	1.468.331	1.846.649	378.318	26 0/0
2	Travaux d'art courants............	99.953	152.600	979.890	1.507.600	»	»	671.238	1.366.275	1.751.081	3.026.475	1.275.395	73 0/0
3	Viaducs................	»	»	»	»	»	»	4.500.000	5.851.396	4.500.000	5.851.396	1.351.496	30 0/0
4	Souterrains... { Excavations........	4.625.641	5.277.205	9.368.391	13.011.654	11.280.225	11.706.050	1.191.977	2.046.658	26.466.235	32.041.569	5.575 334	21 0/0
	Souterrains... { Maçonneries........	2.707.637	4.002.860	6.094.723	10.221.590	5.023.171	7.726.730	1.333.888	3.159.917	15.158.859	25.111.097	9.952.238	65 0/0
5	Travaux divers................	»	»	»	»	»	»	146.913	146.913	146.913	146.913	»	»
»	Acquisition de terrain............	»	»	»	»	»	»	60.000	60.000	60.000	60.000	»	»
		8.130.147	10.265.642	18.255.894	26.847.126	16.303.396	19.432.780	10.568.847	16.014.626	53.253.284	72.560.573	19.302.289	38 0/0

TRAVAUX NON ADJUGÉS.

NUMÉROS.	TRAVAUX.	ALSASUA A OTZAURTE.		OTZAURTE A OASURSA.		BRINCOLA A VILLARÉAL.		ZUMARRAGA A BÉASAIN.		TOTAUX GÉNÉRAUX.		AUGMENTATIONS.	
		PRÉVISIONS.	GOUIN.	PRÉVISIONS.	GOUIN.	PRÉVISIONS.	GOUIN.	PRÉVISIONS.	GOUIN.	SOMMES PRÉVUES.	PRIX GOUIN.	TOTALES.	Pr 0/0.
1	Terrassements { Excavations........	1.309.207	1.826.067	»	»	2.157.900	2.790.900	811.425	984.889	4.278.532	5.601.856	1.323.324	31 0/0
	Terrassements { Transports........	585.773	939.369	»	»	711.597	870.653	129.624	199.740	1.426.993	2.009.762	582.768	41 0/0
2	Ouvrages d'art courants............	1.231.138	1.644.650	»	»	292.500	975.000	110.500	233.750	1.634.138	2.853.400	1.219.262	75 0/0
3	Viaducs................	»	»	1.353.600	1.353.600	»	»	9.656.000	11.042.690	11.009.600	12.396.290	1.386.690	12 0/0
4	Tunnels...... { Excavations........	259.723	356.430	»	»	682.640	682.640	6.033.783	6.795.162	6.976.146	7.834.032	857.186	13 0/0
	Tunnels...... { Maçonneries........	121.720	250.624	»	»	445.560	445.560	3.689.217	6.612.936	4.256.497	7.309.120	3.052.623	70 0/0
5	Travaux divers............	»	»	»	»	728.330	604.330	120.000	120.000	848.330	724.330	»	»
		3.507.561	5.017.141	1.353.600	1.353.600	5.018.327	6.368.883	20.550.549	25.989.167	30.430.037	38.728.791	8.298.754	27 0/0

Dressé et présenté par le Sous-Ingénieur,
LADAME.

Vitoria, le 28 juillet 1862.

CINQUIÈME SECTION ZUMARRAGA A BÉASAIN

A) TRAVAUX NON ADJUGÉS.

		QUANTITÉS.	PRIX de l'unité prévue.	VALEUR prévue.	PRIX GOUIN.	VALEUR GOUIN.
A. TERRASSEMENTS DE LA VARIANTE DU P. 38 AU P. 60.						
Terre.........................	m³	6.647 »	2 »	13.294 »	4 »	26.588 »
Tuf............................		29.670 »	4 »	118.680 »		118.680 «
Rocher........................		36.323 »	9 »	326.907 «	11 »	399.553 »
Transport à la brouette.........		31.781 »	1.216 »	38.045 »	1 65	52.439 »
Id. au tombereau............		45.254 »	»	78.649 »	»	103.801 »
Id. au wagon...............		8.563 »	1 44	12.330 »	5 08	43.500 »
B. TERRASSEMENTS DE LA VARIANTE DU P. 60 AU P. 76.						
Terrassements portés à un prix moyen comprenant la fouille, charge et transport........	»	44.068 »	8 »	352.544 »	»	440.068 »
Assainissement et consolidation.........				120.000 »		120.000 »
Travaux d'art.................	m³	850 »	130 »	110.500 »	275 »	233.750 »
Sept tunnels.................	m. l.	1.620 50	6.000 »	9.723.000 »	8.273 68	13.408.098 »
Viaducs......................	»	13.039 »	' »	9.656.000 »	»	11.042.690 »
				20.550.549 »		25.989.167 »

Prix Gouin pour 1 mètre courant de tunnel.

Déblais..................	55.91	75. »	4.193 25
Voûte sur 0ᵐ,40............	4.63	392.92	1.819 21
Cintrement et décintrement.....	1. »	»	256 03
Piédroits et excédant de voûte....	6.14	270. »	1.857 80
Parement vu de piédroits.......	7.10	10. »	71 »
Rejointement de voûte.........	10.96	5 76	63.12
Id. de moellons bruts.	7.10	10.32	73.27
Aqueduc central..............	1. »	»	140 »
			8.273 68

(B) TRAVAUX ADJUGÉS.

		QUANTITÉS.	PRIX de l'unité prévue.	VALEUR prévue.	PRIX GOUIN.	VALEUR GOUIN.
Acquisition de terrain	ares.	4 hect.	150 »	60.000 »	»	60.000 »
Déblais de terre	m³	57.555 »	2 »	115.110 »	4 »	538.158 »
Id. de tuff	»	76.984 »	4 »	307.936 »		
Id. de rochers	»	154.776 »	9 »	1.392.984 »	11 »	1.702.536 »
Transports au tombereau		135.397 »	»	335.865 »	»	362.536 »
Id. au wagon		152.486 »	»	513.436 »	»	780.432 »
Travaux d'art courants		4.969 »	125 »	671.238 »	275 »	1.366.275 »
Ouvrages accessoires		»	»	146.913 »	»	146.913 »
TUNNELS Nᵒˢ 1, 1 bis ET 2.						
Battage au large	m. l.	153 »	1.000 »	153.000 »	»	124.275 »
Boisage au large		153 »	400 »	61.200 »	»	»
Enlèvement du strauss		410 »	800 »	328.000 »	»	920.025 »
Transport des déblais à 100 mètres	m³	14.100 »	» 60	8.460 »	2 06	29.046 »
Maçonnerie de la voûte		1.763 »	140 »	246.820 »	392 92	692.217 »
Id. piédroits curvilignes		364 »	140 »	50.960 »	»	143.022.83
Blocage à pierre sèche	m. l.	157 »	114 »	18.126 »	»	»
Cintrement de voûte		161 »	240 »	38.640 »	256 08	41.220 »
Maçonnerie des piédroits curvilignes et de têtes	m³	4.609 »	80 »	368.720 »	270 »	1.244.430 »
Id. de pierre de taille		13 30	260 »	3.458 »	463 76	6.178 »
Parement vu sur maçonnerie ordinaire	m s.	2.330 »	4 »	9.320 »	10 »	23.300 »
Id. sur moellons smillés		2.011 »	10 »	20.110 »	»	»
Id. sur piédroits curvilignes		227 »	10 »	2.270 »	»	»
Id. sur pierre de taille		56 »	26 »	1.456 »	50 »	2.800 »
Rejointoiement sur moellons smillés	»	2.011 »	3 »	10.055 »	576 »	11.583 »
Aqueduc central	m. l.	600 »	100 »	60.000 »	140 »	84.000 »
TUNNEL Nᵒ 3.						
Longueur projetée	m. l	150 »	6.000 »	900.000 »	8.273 68	1.241.052 »
TUNNEL Nᵒ 4.						
Enlèvement du strauss	m. l.	150 »	800 »	120.000 »	75 le m³	336.600 »
Transport de déblais à 100 mètres	m³	3.750 »	» 60	2.250 »	2 06	7.725 »
Maçonnerie des piédroits	»	864 »	» 80	69.120 »	2 70	223.280 »
Parement vu sur maçonnerie ordinaire	m. s.	900 »	4 »	3.600 »	10 »	9.000 »
Aqueduc central	m. l.	478 »	100 »	47.800 »	140 »	66.920 »
Viaduc d'Ormaiztegui	m²	8.397 »	forfait.	4.500.000 »	»	5.851.596 »
				10.568.847 »		**16.014.626 »**

Sur la somme de 1.600.000^r il y a 1.183.502^r, 25 de dépenses
au 25 juin.

b) Entreprise Pradines.

LONGUEUR : 1,200 MÈTRES (NOYAU CENTRAL).

		QUANTITÉS.	PRIX de l'unité prévue.	VALEUR prévue.	PRIX GOUIN.	VALEUR GOUIN.
Fonçage et boisage du puits rectangulaire...............	m. l.	97 »	4.600 »	446.200 »	»	446.200 »
Id. des puits circulaires nᵒˢ 5 et 6........	»	313 »	3.900 »	1.220.700 »	»	1.220.700 »
PERCEMENT.						
Percement et boisage sur une longueur de.......	m. l.	1.200 »	4.500 »	5.400.000 »		
MAÇONNERIE.						
Revêtement sur 0ᵐ,40 d'épaisseur....	»	1.200 »	1.700 »	2.040.000 »	7.579 68	9.095.616 »
Aqueduc central...................................	»	1.200 »	150 »	180.000 »		
				9.286.900 »		10.762.516 »

PRIX GOUIN.

Déblai.................... 52 75	90. »	4.747 50
Maçonnerie de voûte........ 4 63	317.05	1.467 94
Piédroits......... ...... 2 80	260.25	728 70
Cintrement et décintrement.. 1 »	278.14	278 14
Rejointoiement de voûte..... 10 96	5.76	63 13
Parement de moëllons bruts.. 7 10	10. »	71 »
Rejointements id...... 7 10	10.32	73 27
Aqueduc central............ 1 »	150. »	150 »
		7.569 68

c) Entreprise Berthoumieux.

		QUANTITÉS.	PRIX de l'unité prévue.	VALEUR prévue.	PRIX GOUIN.	VALEUR GOUIN.
Galerie d'avancement....	m³	3.820 »	160 »	614.200 »		
Battage au large...............................	»	5.235 »	75 »	392.625 »	90 »	2.721.150 »
Strauss	»	21.180 »	75 »	1.588.500 »		
MAÇONNERIE.						
Revêtement du tunnel sur 0ᵐ,40 d'épaisseur.............	m l.	1.217 83	1.500 »	1.826.745 »	2.832 18	3.449.114 »
Aqueduc central...........	»	»	80 »	97.426 »		
				4.516.496 »		6.170.264 »

d) Entreprise Renson et Garnier.

		QUANTITÉS.	PRIX de l'unité prévue.	VALEUR prévue.	PRIX GOUIN.	VALEUR GOUIN.
Exécution d'un puits, d'une cunette et d'une galerie à la tranchée aval d'Oasursa...............................	»	»	»	180.000 »	»	180.000 »
Achèvement de la tranchée aval entre les piquets 30 et 34, et exécution d'une galerie d'avancement daus le tunnel de Brincola. ....•....	»	»	»	720.000 «	»	720.000 »
				900.000 »		900.000 »

La somme de 9.286.900 comprend les travaux faits ou à faire.
Les travaux faits au 25 juin montent à 2.843.491^r.

La somme de 4.516.496^r comprend les travaux restant à faire
et évalués au prix du marché Berthoumieux.

La somme de 900.000^r comprend les travaux faits et à faire.
Les travaux faits au 25 juin montent à 367.141^r.

QUATRIÈME SECTION. — BRINCOLA A VILLARÉAL.

A. TRAVAUX NON ADJUGÉS.

		QUANTITÉS.	PRIX de l'unité prévue.	VALEUR prévue.	PRIX GOUIN.	VALEUR GOUIN.
Fouille, charge, regalage de terre de toute nature.........	m³	112.500 ·	2 »	225.000 »		
De tuf ou de rocher tendre.............................		32.400 »	4 »	129.600 »	4 »	579.600 »
De rocher dur, schisteux ou calcaire à la poudre..... ...		58.725 »	8 »	469.800 »		
Extraction, charge, régalage de grès dur.................		111.375 »	12 »	1.336.500 »	13 »	2.211.300 »
TRANSPORTS.						
Emploi dans le même profil, à moins de 30 mètres......		19.847 »	» 50	9.923 50	» 80	15.877 60
A la brouette, à la distance moyenne de 57 mètres........		75.320 »	1.083 »	81.571 56	1.475 »	111.097 »
Au tombereau, à la distance moyenne de 307 mètres..,...		225.333 »	2.635 »	620.102 45	3 84	743.678 72
Règlement en talus des plates-formes des déblais de terre de toute nature..		160.000 »	» 15	24.000 »	» 20	32.000 »
Règlement en talus des plates-formes des déblais de terre de roches		»	»	140.000 »	»	»
Pilonnage des remblais aux abords des ouvrages d'art.....		40.000 »	» 80	32.000 »	1 »	40.000 »
Déviations de chemins, chaussées......................		»	»	180.000 »	»	180.000 »
Travaux d'art courants................................	m³	3.900 »	75 »	292.500 »	»	975.000 »
Déviation de l'Urola.....						
Déblais de terre ou de roches, travaux de défense...		»	»	40.000 »	»	40.000 »
MURS DE SOUTÈNEMENT.						
Fouilles de fondations........................	m³	1.600 »	250 »	4.000 »	»	»
Maçonnerie de fondation en pierre sèche...............		120 »	4 »	480 »	»	»
Id. en élévation..............................		400 »	8 »	3.200 »	»	»
Id. de fondation avec mortier hydraulique........		1.200 »	57 »	68.400 »	»	»
Id. en élévation.............		3.750 »	63 »	236.250 »	»	312.330 »
Souterrain de Brincola...............................		282 »	4.000 »	1.128.000 »	»	1.128.000 »
				5.018.327 50		6.368.883 82

ÉTABLISSEMENT

DU

MONTANT DU MARCHÉ

A L'AIDE DES ÉLÉMENTS DU DEVIS.

ÉTABLISSEMENT DU MONTANT DU MARCHÉ

A l'aide des éléments du devis.

Montant général des travaux, sauf le noyau central du tunnel d'Oazurza (extrait du devis estimatif) . . . . 100.526.848 »

A *déduire* : 1° Les montants des travaux exécutés depuis l'origine jusqu'au 25 juin 1862, dans la partie comprise entre Otzaurte et Brincola (les quantités portées au devis pour cette partie partent de l'origine), savoir :

Pour le lot Trône	711.448	88
Pour le lot Croze et Durif	1.105.810	55
Pour le lot Peltier	607.894	97
Pour le lot Roberts et Robinson. . . .	1.269.034	66
Pour le lot Gobert	1.183.502	25
Pour le lot Renson.	367.141	»
Ensemble. . . .	5.244.832	31

2° 25 0/0 de ces mêmes sommes comme s'appliquant à une période antérieure aux nouvelles conventions 1.311.208 08

Somme à déduire . . . 6.556.040 39   6.556.040 39

Reste à compter . . . 93.970.807 61

A *ajouter* : La somme allouée pour assainissements. . . . . 6.000.000 »

Total 99.970.807 61

Somme à valoir 2.939.192 39

MONTANT DU MARCHÉ. . . . 102.910.000 »

www.ingramcontent.com/pod-product-compliance
Ingram Content Group UK Ltd.
Pitfield, Milton Keynes, MK11 3LW, UK
UKHW021013120726
13693UKWH00005B/1943